BIBLIOTHÈQUE LITTÉRAIRE

---

In-12 3me Série

# AIGLES & VAUTOURS

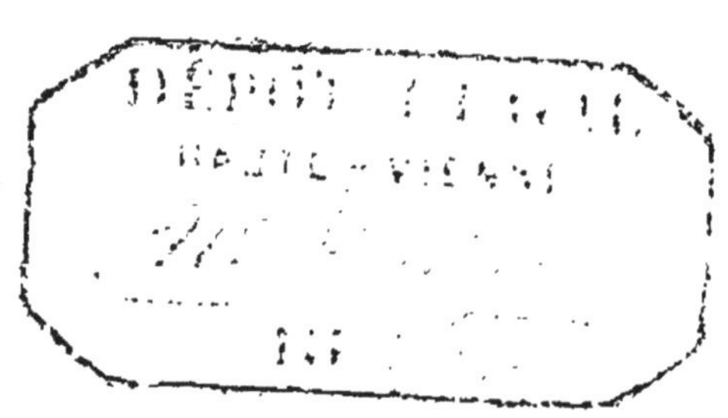

Histoire Naturelle vulgarisée

ORNITHOLOGIE POPULAIRE

GRANDS RAPACES

# AIGLES & VAUTOURS

**Par A. DUBOIS**

LAURÉAT DE LA SOCIÉTÉ PROTECTRICE DES ANIMAUX

*De la Société pour l'Instruction élémentaire*

DE LA SOCIÉTÉ CENTRALE D'APICULTURE ET D'INSECTOLOGIE

De la Société d'Instruction et d'Éducation populaires, etc., etc.

LIMOGES

MARC BARBOU ET Cie, IMPRIMEURS-LIBRAIRES

Rue Puy-Vieille-Monnaie

1882

# AIGLES & VAUTOURS

## I

### L'AIGLE ROYAL

Malgré l'épithète d'*ignoble*, empruntée au langage de la fauconnerie, et appliquée à la classe des *rapaces*, à laquelle l'aigle appartient, cet oiseau est une magnifique et noble créature.

Si les anciens, frappés de ses qualités

physiques, de sa beauté majestueuse, de son vol puissant et hardi, de la fierté de son attitude, de l'énergie de son regard, en ont fait le messager des dieux, le porteur des foudres célestes, le symbole de la puissance et de la force, il ne faudrait pas tomber dans un excès contraire et ne considérer l'aigle que comme un destructeur sauvage, féroce, traître et sanguinaire, que la moindre résistance déconcerte, qui ne s'escrime que contre les faibles et les timides, et que l'attaque résolue des petits oiseaux met en fuite.

Entre la description splendide que Buffon a faite de « l'oiseau de Jupiter » et les lignes non moins brillantes que Michelet lui a consacrées, il reste de la place pour la vérité. L'un s'est laissé captiver par l'aspect imposant et vraiment superbe du

« roi des oiseaux » ; il a voulu ajouter son tribut d'hommages aux fictions allégoriques des poètes de l'antiquité ; l'autre, dominé par la passion de toute sa vie, a voulu flétrir les instincts pillards du brigand ailé, l'intervention brutale « du bourreau de la vie », la supériorité stupide de la force matérielle.

« L'aigle, dit Buffon, a plusieurs convenances physiques et morales avec le lion : La force, et par conséquent l'empire sur les autres oiseaux, comme le lion sur les quadrupèdes. La magnanimité : ils dédaignent également les petits animaux et méprisent leurs insultes ; ce n'est qu'après avoir été longtemps provoqué par les cris importuns de la corneille ou de la pie que l'aigle se détermine à les punir de mort ; d'ailleurs, il ne veut d'autre bien que celui qu'il conquiert, d'autre proie que celle qu'il prend lui-même. La tempérance : Il ne mange presque jamais son gibier en entier, et il laisse, comme le lion, les débris et les restes aux autres animaux. Quelque affamé qu'il soit, il ne se jette jamais sur les cadavres. Il est encore solitaire comme le lion, habitant d'un désert dont il défend l'entrée et l'usage de la chasse à tous les autres oiseaux ; car il est peut-être plus rare de voir deux paires d'aigles dans la même portion de montagne que deux familles de lions dans la même partie de forêt ; ils se tiennent assez loin les uns des autres pour que l'espace qu'ils se sont départi leur fournisse une ample subsistance ; ils ne comptent la valeur et l'étendue de leur royaume que par le produit de la chasse. L'aigle a de plus les yeux étincelants et à peu près de la même couleur que ceux du lion, les ongles de la même forme, l'haleine tout aussi forte, le cri également effrayant ; nés tous deux pour le combat et la proie, ils sont également féroces, également fiers et difficiles à réduire ; on ne peut les apprivoiser qu'en les prenant tout petits. »

« S'il fallait, écrit Michelet, choisir entre les rapaces, le dirai-je ? Autant que l'aigle, j'aimerais certainement le vautour. Je n'ai vu, entre les oiseaux, rien de si grand, si imposant que nos cinq vautours d'Algérie (au Jardin des Plantes), perchés ensemble, comme autant de pachas turcs, fourrés de superbes cravates du plus délicat duvet blanc, drapés d'un noble manteau gris. Grave divan d'exilés qui semblent rouler en eux les vicissitudes des choses et les évènements politiques qui les mirent hors de leur pays.

» Quelle différence réelle entre l'aigle et le vautour? L'aigle aime fort le sang et préfère la chair vivante, mais mange fort bien la morte. Le vautour tue rarement, sert directement la vie, remettant à son service et dans le grand courant de la circulation vitale les choses désorganisées qui en associeraient d'autres à leur désorganisation. L'aigle ne vit que de meurtre, et on peut l'appeler le ministre de la mort. Le vautour est, au contraire, le serviteur de la vie.

» La beauté, la force de l'aigle l'ont fait choisir pour symbole par plus d'un peuple guerrier qui vivait, comme lui, de meurtre. Les Perses, les Romains l'adoptèrent. On l'associa aux hautes idées que donnaient ces grands empires. Des gens graves, un Aristote! accueillirent la fable ridicule qu'il regardait le soleil, et, pour éprouver ses petits, le leur faisait regarder. Une fois en si beau chemin, les savants ne s'arrêtèrent plus. Buffon a été plus loin. Il loue l'aigle sur sa *tempérance!* Il ne mange pas tout, dit-il. Ce qui est vrai, c'est que, pour peu que la proie soit grosse, il se rassasie sur place et rapporte peu à sa famille. Ce roi des airs, dit-il encore, *dédaigne les petits animaux*. Mais l'observation indique précisément le contraire. L'aigle ordinaire s'attaque surtout au plus timide des êtres, au lièvre; l'aigle tacheté, aux canards. Le jean-le-blanc mange de préférence les mulots et les souris, et si avidement qu'il les avale sans même leur donner un coup de bec. L'aigle cul-blanc ou pygargue, est sujet à tuer ses petits; souvent il les chasse avant qu'ils puissent se nourrir eux-mêmes.

» Près du Havre, j'observai ce qu'on peut croire en vérité de la royale noblesse de l'aigle, surtout de sa sobriété. Un aigle qu'on a pris en mer, mais qui est tombé en trop bonnes mains, dans la maison d'un boucher, s'est fait si bien à l'abondance d'une viande obtenue sans combat, qu'il paraît ne rien regretter. Aigle Falstaff, il engraisse et ne se soucie plus guère de la chasse, des plaines du ciel. S'il ne *fixe* plus le soleil, il regarde la cuisine, et se laisse, pour un bon morceau, tirer la queue par les enfants. » . . . . . . . . . . . . . . .

. . . . . . . . . . . . . . . . . . . . . . .

« L'estime traditionnelle qu'on a pour

le courage des grands rapaces est bien diminuée quand on voit (dans Wilson) un petit oiseau, un gobe-mouche, le tyran ou le martin-pourpre, chasser le grand aigle noir, le poursuivre, le harceler, le proscrire de son canton, ne pas lui donner de repos. Spectacle vraiment extraordinaire de voir ce petit héros, ajoutant un poids à sa force pour faire plus d'impression, monter et se laisser tomber de la nue sur le dos du gros voleur, le chevaucher sans lâcher prise et le chasser du bec au lieu d'éperon. »

C'est à l'espèce connue sous le nom de *grand aigle*, *aigle doré*, *aigle fauve*, *aigle royal* (aquila aurea, ou aquila chrysaëtos) que se rapportent la description de Buffon, et la critique que Michelet en a faite. Cet oiseau est le plus remarquable de tous les aigles par sa grandeur et par sa force. La femelle a jusqu'à 1$^{m}$ 20 de longueur, depuis le bout du bec jusqu'à l'extrémité des pieds, et près de 2$^{m}$ 50 d'envergure; elle pèse 8 et même 9 kilogrammes; le mâle, plus petit, ne dépasse guère 1$^{m}$ de long et 2$^{m}$ 40 d'envergure.

Tous deux ont le bec très fort, fendu seulement jusque sous l'angle antérieur de l'œil, recourbé dans toute sa longueur, plus crochu à l'extrémité et assez semblable à de la corne bleuâtre.

Les ongles sont noirs et pointus; le plus grand, celui qui est placé derrière, a quelquefois jusqu'à 13 centimètres de longueur.

Les yeux, très grands, paraissent enfoncés dans une cavité profonde que la partie supérieure de l'orbite couvre comme un toit avancé. Ils sont pourvus d'une tunique clignotante, d'une espèce de deuxième paupière transparente qui s'abaisse et se relève à volonté, et qui permet à l'oiseau de s'élever à des hauteurs prodigieuses sans être incommodé par les rayons du soleil. L'iris de l'œil est d'un beau jaune clair; il brille d'un feu très vif; le cristallin a l'éclat du diamant.

Son corps robuste et compacte, ses jambes nerveuses, ses ailes fortes, ses os fermes, sa chair dure, ses plumes rudes, son bec crochu, ses ongles formidables, son attitude fière et droite, ses mouvements brusques, son vol rapide, font de l'aigle un brigand redoutable, bien capable de dévaster les lieux qu'il a choisis pour domaine. Cet oiseau est le tyran bien plus que le roi de la contrée qu'il habite. Il faut l'avoir vu en liberté, au milieu de ses rochers et de ses montagnes, pour se faire une idée de sa beauté, de sa force et de sa puissance.

« J'ai eu, dit le docteur J. Franklin, le bonheur de voir de près ces oiseaux dans leurs farouches retraites, et je n'oublierai jamais l'impression que produisit sur moi la fauve et brutale majesté de ces tyrans de l'air.

» La dernière fois que je rencontrai un aigle, c'était en Auvergne ; je traversais la France, en revenant de l'Orient, par Marseille.

» Je venais d'escalader les hauteurs de cette volcanique province et je me trouvais au milieu des noirs précipices creusés par les anciennes convulsions de la nature.

Une cascade se précipitait avec un bruit de tonnerre.

» Au milieu des rugissements de l'eau, un cri court et perçant, qui semblait sortir des nuages, frappa mon oreille. En regardant dans la direction d'où était parti ce bruit, j'aperçus bientôt un petit point noir qui se mouvait rapidement vers moi. C'était un aigle royal ou aigle doré. L'oiseau venait évidemment des plaines qui s'étendent sur les chaînes de montagnes.

» Il semblait flotter, ou, pour mieux dire, faire voile dans un océan d'air relativement calme. De temps à autre, cependant, il frappait lentement de l'aile comme pour affermir son vol. Voyant qu'il approchait dans une ligne directe, nous nous cachâmes, mon guide et moi, derrière un rocher, et nous observâmes ses mouvements à l'aide d'une longue-vue. Lorsque nous avions commencé à l'apercevoir, il pouvait être à la distance d'un ou deux kilomètres ; mais, en moins d'une minute, il se montra à la portée d'un coup de fusil.

» Après avoir regardé deux ou trois fois autour de lui, il laissa pendre ses serres, trembla légèrement et s'abattit sur un roc. Pendant un moment, il promena encore çà et là ses yeux perçants et brillants, comme pour s'assurer qu'il n'avait rien à craindre ; ensuite, il fourra sa tête sous une de ses ailes éployée et rangea ses plumes avec le bec. Cela fait, il étendit le cou et regarda fixement le ciel du côté où il était venu, puis il poussa quelques cris rapides.

» Il resta là environ dix minutes, manifestant une grande inquiétude, foulant le granit avec ses serres crochues, toujours impatient, toujours agité, lorsque soudain il sembla voir ou entendre quelque chose.

» Tout à coup, il s'éleva du rocher sur lequel il s'était posé, se lança dans l'air et flotta comme auparavant, en faisant entendre le même cri aigu. Regardant alors autour de nous pour connaître la cause de son émotion, nous vîmes approcher de lui sa femelle. Il vola à sa rencontre, et bientôt les deux oiseaux devinrent invisibles. »

Longtemps les Orientaux se sont servis de l'aigle pour la chasse au vol.

En France, les anciens fauconniers avaient essayé de l'utiliser. Il fallait beaucoup de patience et d'art pour dresser un jeune aigle fauve, et il devenait dangereux, même pour son maître, dès qu'il avait pris de la force et de l'âge. Il était trop lourd pour être, sans grande fatigue, porté sur le poing; et il n'était jamais assez privé, assez doux, assez sûr pour ne pas faire craindre ses caprices ou ses moments de colère.

Si l'aigle manque quelquefois de courage quand il éprouve une résistance à laquelle il ne s'attendait pas, il est hardi à l'excès s'il se croit sûr de vaincre.

Son odorat est faible, mais sa vue est perçante, et lorsqu'en planant au plus haut des airs il a aperçu une proie, il replie ses ailes, se laisse tomber sur elle, les serres largement ouvertes, et la saisit avec une force qui ne lui permet plus aucun mouvement. Il dévore ordinairement sa victime sans la tuer ; si c'est un oiseau, il le plume vivant.

Brehm a observé, sur un aigle captif, la manière dont cet oiseau saisit et maintient sa victime : « En prenant sa proie, dit-il, l'aigle enfonce ses serres avec une telle violence, que l'on en entend parfaitement le bruit, et que ses doigts paraissent comme crispés convulsivement. Il saisit les chats au cou, les empêche de respirer, et les dévore avant qu'ils soient complètement morts. D'ordinaire, une de ses serres tient la tête de sa victime. A un chat que je lui donnai, il creva l'œil avec un de ses ongles, et les doigts de devant maintenaient la mâchoire inférieure, de façon que le chat ne pouvait entr'ouvrir la gueule. L'autre serre était enfoncée dans la poitrine. Pour conserver son équilibre, l'aigle étendit ses ailes et s'appuya sur la queue. Ses yeux devinrent d'un rouge de sang et parurent plus grands que d'ordinaire ; toutes les plumes étaient rabattues, le bec largement ouvert, la langue pendante. On remarquait chez lui, à ce moment, une rage incroyable ; il déployait toute sa force. Le chat s'épuisait en vains efforts pour échapper à son terrible ennemi ; il se retournait comme un serpent, étendait les pattes, mais ne pouvait faire usage ni de ses griffes ni de ses dents. Il cria, l'aigle le frappa à un autre endroit de la poitrine, une serre lui maintenant toujours la gueule. Le rapace ne se servait pas de son bec. Ce ne fut qu'au bout de trois quarts d'heure que le chat expira. Durant tout ce temps, l'aigle était resté sur lui, les serres contractées, les ailes étendues. Il abandonna alors le cadavre et se dressa sur son perchoir. Cette longue torture me causa une telle impression que je ne lui donnai plus de chat à tuer. »

Chaque matin, quand le soleil est déjà au-dessus de l'horizon, l'aigle en liberté quitte la retraite où il a passé la nuit ; il s'élève à une grande hauteur et parcourt son domaine, toujours assez étendu pour pourvoir amplement à ses besoins. Il suit les cols des montagnes accompagné de sa femelle, qui chasse avec lui et le soutient en cas de danger. Parfois l'harmonie est troublée au moment du repas, lorsque le couple se dispute les meilleurs morceaux d'une proie appétissante.

Vers midi, surtout quand la chasse a été heureuse, les oiseaux reviennent à leur aire, ou s'ils en sont trop éloignés, ils se reposent dans un endroit tranquille. Là, immobiles, les plumes pendantes, le jabot en avant, ils digèrent en paix, tout en veillant à leur sécurité. Disons tout de suite que l'aigle peut supporter de longs jeûnes ; on en a vu qui ne paraissaient pas avoir souffert après être restés plus de vingt jours sans manger. Cette faculté qu'un grand nombre d'humains envieraient aux aigles, tient à une disposition anatomique particulière. Leur jabot est susceptible d'une dilatation considérable, tandis que le gésier est fort petit et presque complètement membraneux. Les aliments accumulés dans le jabot ne peuvent donc passer que difficilement et par petites parties dans le gésier où s'accomplit la digestion.

Après chaque repas, l'aigle cherche à s'abreuver. On a avancé, à tort, que le sang de sa victime suffisait pour le désaltérer : Il boit beaucoup, éprouve fréquemment le besoin de se plonger dans l'eau ; et, par les chaudes journées, il est rare qu'il ne se baigne pas au moins une fois par jour.

Sa toilette et ses ablutions terminées, il se remet en chasse, et, dès que le jour fait place au crépuscule, après s'être joué dans les airs, il se retire prudemment et silencieusement dans l'endroit où il veut passer la nuit.

Lorsque l'aigle a saisi une proie, il rabat son vol, comme pour en éprouver le poids; il la pose à terre avant de l'emporter. Quoiqu'il ait l'aile très forte, comme il a peu de souplesse dans les jambes, il a quelque peine à s'élever de terre, surtout s'il est chargé. Il emporte aisément une oie, une grue : ces oiseaux ne sont pour lui que de minces fardeaux ; il enlève aussi très facilement les lièvres, les agneaux et les chevreaux. Lorsqu'il parvient à terrasser un faon ou un veau, il se rassasie de leur sang sur le lieu même ; il déchire les chairs et laisse le corps de l'animal à demi palpitant dans l'endroit même où il l'a immolé, après en avoir fait une provision qu'il emporte dans son aire. Provoqué par le besoin, ce tyran de l'air fond sur les brebis, les daims, les chèvres, les cerfs ; on en a vu d'assez hardis pour s'attaquer à de jeunes taureaux. Les hommes, et surtout les enfants, ne sont pas toujours à l'abri de leur voracité, ou tout au moins de leurs en- treprises. On hésite à croire que ces oiseaux aient un force suffisante pour enlever des mouto et des enfants; mais, les faits qui prou vent le contraire sont attestés par un grand nombre de témoins dignes de fo qu'il faut bien se rendre à l'évidence.

« J'avoue, dit le docteur Franklin, en parlant des naturalistes qui contestent su ce point les récits des voyageurs, j'avou que les aigles de leur collection ne sont j mais venus les trouver au coin du fe ni les alarmer sur le sort de leurs e fants; mais, si nos sceptiques acadén ciens avaient vécu dans les pays où ces seaux commettent toutes sortes de b gandages, ils modifieraient peut-être le opinion. »

En Suède, il y a de cela moins de vin ans, une femme qui travaillait dans parc à brebis, avait déposé sur le sol, à une petite distance, un charmant bébé. Tout à coup un aigle s'abattit avec la rapidité de l'éclair, et, sous les yeux de la mère épouvantée, enleva l'enfant. Longtemps la malheureuse mère entendit les cris de la pauvre petite victime à laquelle elle n'avait aucun moyen de porter secours. Bientôt l'aigle disparut, les cris cessèrent de se faire entendre, et la mère, devenue folle de douleur, fut conduite dans un asile d'aliénés où elle mourut.

Plus heureuse avait été une jeune mère qui, dans l'île de Syke, en Écosse, avait, pour quelques instants, déposé son enfant sur un tapis moelleux de verdure. Du haut des nues, un aigle avait aperçu le précieux dépôt; il rabattit ses ailes, descendit avec une vitesse inouie, saisit l'en fant dans ses serres et traversa au vol toute la largeur d'un lac. Heureusement, des paysans qui gardaient leurs troupeaux avaient aperçu le bandit qui déposait son fardeau sur un rocher. Aux cris poussés par l'enfant, ils accoururent sur le lieu de cette scène dramatique, et eurent la joie de trouver le petit être sans blessures et de le reporter à sa mère.

Le naturaliste Naumann reçut un jour un aigle fauve dont l'histoire est assez singulière : Affamé par un trop long jeûne, cet oiseau, sans souci du danger qu'il pouvait courir, se précipita au milieu d'un village ; et, sans plus de cérémonie, tomba sur le dos d'un très gros porc. Les cris peu harmonieux du compagnon de saint Antoine attirèrent les habitants, dont le plus courageux s'avança gravement et chassa l'aigle.

Le rapace, abandonnant à regret sa grosse proie, fondit sur un malheureux chat qui n'en pouvait davantage ; et, triomphant, l'emporta sur une haie. Le porc, blessé, le chat, tout sanglant, formaient le duo le plus lamentable et le plus discordant.

Le brave paysan, tout fier de son premier exploit, voulut sauver le chat comme il avait sauvé le porc ; mais n'osant, une seconde fois affronter sans armes son terrible adversaire, il courut chercher son fusil.

Cette fois, l'oiseau de Jupiter était sur ses gardes, et il voulait dîner à tout prix. Lorsqu'il vit venir le paysan, il lâcha le chat et tomba comme la foudre sur le malheureux qui ne put faire usage de son arme. Alors, ce fut à qui du chasseur, du cochon et du chat crierait le plus fort au secours; chacun, du reste, avait déjà fourı quelques lambeaux de chairs au repas ( bandit. Fort heureusement, d'autres pa sans accoururent; l'aigle fut pris, non sa avoir opposé la plus vive résistance ; on garrotta solidement et on l'apporta au r turaliste qui le conserva longtemps.

En 1847, dans le canton de Genèv un aigle, furieux de la perte de ses aiglo qui venaient d'être capturés, s'empara d'u enfant de dix ans, l'enleva malgré sa r sistance, et l'emporta à plus de six cen mètres de l'endroit où il l'avait saisi. De bergers, témoins de ce fait, accoururent a secours de la victime et furent assez he reux pour l'arracher aux serres de l'ois de proie. L'enfant en fut quitte pour q ques blessures.

On pourrait citer beaucoup d'autres

emples qui prouvent que l'aigle ne manque ni de courage, ni d'audace, qu'il est capable de voler à de grandes distances avec un lourd fardeau, et qu'il est dangereux pour les enfants et même pour les hommes.

Ces oiseaux, qui recherchent et préfèrent les proies vivantes, ne dédaignent cependant pas la chair morte lorsque la faim les presse.

L'aigle place ordinairement son aire entre deux rochers à pics, sur quelque rebord de précipice, dans des cavités inaccessibles où les aiglons pourront grandir à l'abri des attaques de l'homme et des animaux. L'exposition du midi est celle qu'il choisit de préférence pour que la chaleur de l'œuf se conserve plus longtemps quand la mère est obligée de le quitter.

L'aire est construite avec des perches ou des bâtons de 1$^{m}$ 80 à 2 mèt. de longueur, appuyés par les deux bouts et traversés par des branches souples, recouvertes de plusieurs lits de joncs, de bruyères et de peaux d'animaux. C'est un plancher solide et large qui n'a d'autre abri que la saillie des rochers. Il est assez résistant et assez ferme pour supporter le poids, non seulement du couple d'aigles et des petits, mais encore celui d'une quantité de vivres. On prétend qu'à l'aide de quelques réparations légères, ce nid peut servir de berceau à un grand nombre de générations.

La femelle pond deux ou trois œufs, rarement quatre, de forme ovalaire, avec les bouts aussi obtus l'un que l'autre, et dont la coquille blanche, légèrement bleuâe dans sa transparence, presque toujours aculée de nombreuses taches brunes ou ises, est forte et de grande dimension; e les couve pendant trente jours. Parmi es œufs, il s'en trouve souvent d'inféonds; et, quel que soit leur nombre, il y arement plus de deux petits, souvent seul, ce qui est assez, à cause des diffiés que les parents éprouvent à trouver nourriture suffisante.

e père et la mère apportent aux jeudes lièvres, des agneaux, des poules et s oies, etc., sur lesquels ils exercent leur rocité naturelle et leur appétit carnassier.

Dans certains pays, on tire bon parti un nid d'aigles que l'on a découvert et ue l'on sait garni d'aiglons; car, quand n peut y parvenir, y grimper, on y trouve chaque jour d'abondantes provisions : faisans et perdrix, canards et chapons, gibier de toutes espèces s'entassent dans le garde-manger des oiseaux gloutons.

Il faut, pour s'en emparer, et éviter les atteintes du père et de la mère, visiter le nid quand on est certain qu'ils sont au loin, occupés à la chasse.

Il en est qui, pour faire durer plus longtemps cet approvisionnement facile et économique, ont attaché les aiglons; d'autres qui leur ont arraché les plumes des ailes pour les empêcher de déserter le nid.

Le docteur Franklin parle d'un gentilhomme écossais, près de la maison duquel était un nid habité pendant chaque été par deux aigles. Pendant tout le temps que les aigles avaient des petits, le maître de la maison et ses gens trouvaient auprès du nid une provision de coqs de bruyère, de perdrix, de lièvres, de lapins, de canards, de bécasses; et, de temps en temps, des chevreaux, des faons, des agneaux. Chaque fois que des visiteurs arrivaient à l'improviste, le gentilhomme envoyait son domestique pour savoir ce que ses voisins emplumés tenaient en réserve, et rarement il revenait les mains vides.

Les aigles naissent couverts d'un duvet blanc; leurs premières plumes sont d'un jaune pâle et deviennent, aux mues suivantes, d'un jaune assez vif. Pris tout jeunes, ils s'apprivoisent assez facilement; et, malgré leur mauvais naturel, on a des exemples de leur soumission, même parmi les adultes.

« Dans mon enfance, écrit un observateur, j'ai eu longtemps un aigle vivant.

Au commencement, il volait de temps à autre une de nos poules ; mais les coups qu'il reçut pour ces méfaits l'empêchèrent de récidiver. Il finit par courir librement dans nos cours et dans les jardins, sans faire de mal à nos animaux domestiques. Il me connaissait très bien ; il arrivait quand je l'appelais *Pluton* ( c'était son nom ). Il ne pouvait supporter les étrangers ni les chiens ; il attaquait les premiers, quand ils s'approchaient trop près de lui, et il cherchait toujours à éloigner de lui les chiens. Les coups qu'il donnait aux hommes, sans être dangereux, étaient toujours assez douloureux. Il se servait peu de ses serres, mais il donnait des coups d'ailes assez vigoureux pour produire des ecchymoses. Il périt malheureusement. Il s'était envolé dans le jardin d'un paysan et y commit je ne sais quel méfait, pour lequel il fut fortement châtié. L'aigle revint tout triste à la maison, ne prit plus de nourriture à partir de ce moment, et périt au bout de dix jours. On fit l'ouverture de son corps ; on ne trouva aucune lésion interne qui pût expliquer la mort; il était mort de chagrin d'avoir été tant maltraité. »

On a conservé longtemps, à la ménagerie du Muséum de Paris, un aigle d'une grande beauté qui avait été pris au milieu de la forêt de Fontainebleau, dans une trappe à renard qui lui avait brisé la patte. Il se prêta complaisamment aux pansements que nécessitait sa blessure, se tint tranquille jusqu'à sa guérison parfaite et finit par s'apprivoiser complètement.

Lorsqu'ils sont bien soignés, les aigles

peuvent vivre de longues années en captivité. A Vienne, où l'on tenait des aigles en captivité, suivant une vieille coutume de la Maison de Habsbourg, on a gardé un aigle doré de 1615 à 1719, c'est-à-dire 104 ans!... En 1809, il en mourut un à Schœnbrunn, qui était captif depuis 80 ans.

## II

## LE PYGARGUE

Les *pygargues* sont de grands rapaces à bec très robuste, fortement recourbé, qui diffèrent à peine des véritables aigles. Leur préférence marquée pour le poisson, leurs habitudes de toutes sortes ont mérité à ces oiseaux le nom d'*aigles de mer*. Ils habitent de préférence l'hémisphère boréal, et ne s'éloignent guère des bords de la mer ou des cours d'eau ; ils se réunissent dans les forêts, sur les rochers, passent souvent la nuit sur de petites îles ou sur des arbres élevés. Dès les premières lueurs du jour, ils sont à la côte où ils chassent les oiseaux de mer, les canards, les alcyons, et aussi les phoques et les poissons.

Le *pygargue vulgaire*, grand oiseau de 1 mètre de long et d'environ 2m 60 d'envergure, habite toute l'Europe et la plus grande partie de l'Asie. Il est hardi, courageux et tenace. On en a vu un attaquer à plusieurs reprises un renard, bien capable pourtant de se défendre, et en triompher. Le menu bétail est sans cesse exposé aux atteintes de ce brigand; il ravit les oiseaux dans leurs nids, poursuit les poissons jusque sous l'eau et plonge à leur suite. Quelquefois, l'attaque du pygargue est si furieuse qu'il ne peut plus, qu'avec difficulté, dégager ses serres qui ont pénétré trop profondément dans le corps de la victime.

Un pygargue, raconte Lenz, aperçut un esturgeon sur lequel il se précipita ; mais il avait compté sans le poids trop considérable du poisson qu'il lui fut impossible d'enlever hors de l'eau. D'un autre côté, l'esturgeon n'étant pas assez fort pour entraîner l'oiseau dans l'abîme, fendait l'eau comme une flèche. L'aigle se tenait sur lui, solidement cramponné, les ailes largement ouvertes ; on aurait dit un navire sous voile. Quelques personnes, témoins de ce singulier spectacle, montèrent en canot et prirent à la fois l'esturgeon et le pygargue, dont les serres avaient pénétré si profondément dans la chair de la victime qu'il ne pouvait plus les dégager.

Franklin raconte un fait du même genre : Un pygargue s'était emparé d'un gros poisson qu'il ne pouvait enlever, et qu'il conduisit, non sans peine, jusqu'au rivage. En abordant, il voulut dégager ses serres, mais il ne fut pas assez prompt, et des pêcheurs qui avaient suivi sa manœuvre s'emparèrent à la fois de l'oiseau et du poisson.

Le pygargue est, quant aux qualités physiques, de beaucoup inférieur aux aigles proprement dits : son vol est plus lent et plus lourd; il unit la cruauté au courage. Ces oiseaux se livrent entre eux les combats les plus terribles à l'époque de la nidification.

« Deux pygargues mâles que j'ai pu

observer, dit le comte Wodzicki, étaient continuellement en lutte. Ils se frappaient à coups de bec et de serres, tombaient à terre ensemble, se relevaient pour se battre de nouveau; des plumes, du sang même couvraient le sol. La femelle assistait au combat, mais sans y prendre part. Les deux mâles étant d'âge différent, il était facile de les distinguer. Ce jeu sanglant dura une quinzaine de jours; ces oiseaux en étaient excités au point qu'ils négligeaient de manger. La nuit, ils se perchaient sur deux arbres : la femelle et le vainqueur sur l'un, le vaincu sur l'autre. Un mois après, on trouva dans la forêt une aire de pygargue. Quelques semaines plus tard, on dénicha les jeunes, et les parents revinrent sur le théâtre de leurs premiers exploits. Un nouveau mâle apparut, et les combats recommencèrent de nouveau. Un jour, les deux mâles s'attaquèrent dans l'air et tombèrent ensemble sur le sol. L'un renversa son adversaire, lui porta de forts coups de bec, sauta sur lui, le saisit à la gorge avec une de ses serres et de l'autre le prit au ventre. Le vaincu se cramponna à la patte et à l'aile de son ennemi. Un bûcheron les surprit en ce moment, s'approcha, et en assomma un d'un coup de bâton. L'autre, tout sanglant, se dressa sur le cadavre de son rival, et fixa le bûcheron avec une telle expression de férocité, que celui-ci recula, effrayé. Ce ne fut qu'au bout d'un instant que l'oiseau parut avoir conscience du danger qu'il courait, et qu'il s'envola lentement. Si l'homme n'avait pas eu peur, il aurait sûrement pu assommer les deux pygargues.

» On peut admettre que le troisième pygargue avait passé tout le temps solitaire, nourrissant sa vengeance, et prêt à profiter de la première occasion pour la rendre éclatante. »

Croirait-on que cet aigle si terrible perd quelquefois contenance, et fuit comme un poltron devant de faibles petits oiseaux?

« J'ai été temoin, dit Levaillant, dans la plaine de Genevilliers, aux environs de Paris, d'une lutte bien inégale qui eut lieu entre une dizaine de draines et un aigle pygargue. Ce dernier, complètement étourdi, s'était réfugié dans une remise, où il restait blotti dans un buisson. Attiré par les cris réitérés et l'agitation continuelle de ces grives, dont toute la manœuvre m'annonçait quelque chose d'extraordinaire, je m'avançai, et fus surpris de voir qu'elles avaient affaire à un pygargue. N'ayant point d'armes sur moi, attendu que j'étais sur ce qu'on appelait « *les plaisirs du roi* », et ne pouvant résister à une aussi belle occasion de me procurer un oiseau qui manquait à ma collection, je courus chez moi, ma demeure étant à Asnières, près de l'endroit dont je parle. Là, je me munis d'un pistolet chargé à gros plomb (un fusil m'aurait trop exposé), et, regagnant la plaine, j'arrive dans la remise qui renfermait l'objet de mes désirs : je vois mon pygargue toujours aux prises avec les draines, qui n'avaient point lâché pied. Alors, bravant l'oreille attentive des gardes et les atroces lois sur la chasse, le cœur palpitant de joie et d'inquiétude, j'approche l'oiseau à dix pas, et, de mon coup bien ajusté, je l'abats sur place. Aussitôt, enterrant mon arme et cachant mon pygargue dans les broussailles, je sors de l'enceinte qui recélait mon trésor. L'œil attentif, je regarde autour de moi; tous les hommes que je vis errants dans la plaine ou sur les chemins me paraissaient croisés de la fatale bandoulière bordée de fleurs de lis... Mais, pour cette fois, la vigilance des gardes fut en défaut. Ne voyant donc rien qui pût me causer quelque inquiétude, je m'empare de ma proie et gagne furtivement ma demeure, où, fier de ma conquête, j'appelle tous mes voisins pour être témoins de mon triomphe. Quoiqu'il y eût loin de cette victoire à celles que je remportai par la suite, notamment lorsque je tuai ma première girafe, je me rappelle pourtant qu'elle ne me causa pas moins de plaisir. C'est ainsi que dans la vie tout est relatif; un pygargue, tué dans les environs de Paris, était un objet tout aussi intéressant pour moi, et peut-être plus extraordinaire qu'une girafe abattue dans les déserts de l'Afrique : l'un était un géant parmi les oiseaux d'Europe, comme la girafe l'est parmi les quadrupèdes de son pays. »

L'aire du pygargue, dont l'emplacement varie suivant les localités, est composé à sa base de morceaux de bois de $1^{m}$ 30 à $1^{m}$ 60 de longueur et de la grosseur du bras. Cette charpente supporte des branches plus minces, et l'intérieur, légèrement concave, est tapissé de ramilles très fines et de duvet que la femelle s'arrache elle-même. Les œufs, au nombre de deux, trois ou quatre, arrondis également aux deux bouts, ont la coquille épaisse et rugueuse et sont d'un blanc bleuâtre sans aucune tache. Les jeunes, d'abord couverts d'un duvet cotonneux, puis d'un plumage grisâtre, mêlé de nuances plus brunes, restent fort long-temps dans le nid. Les parents leur apportent chaque jour d'abondantes provisions qui consistent, suivant les pays, en poissons, lapins, écureuils, agneaux, marcassins, opossums, sarigues, etc.

L'habileté du pygargue à saisir les poissons ne tourne pas toujours à son profit : Quelquefois, au moment où, fier de son succès, il s'élève en emportant sa glissante proie, un aigle, placé en embuscade, s'élance et lui donne la chasse. Il lâche alors le poisson qui, avant d'avoir touché l'eau, devient la proie du plus fort; mais, à son tour, il agit de la même façon avec d'autres oiseaux pêcheurs plus faibles que lui.

« Perché sur la plus haute branche de quelque arbre gigantesque, d'où la vue s'étend au loin sur la côte de l'Océan, le pygargue, dit Wilson, a l'air de contempler tranquillement les mouvements de toute la gent emplumée qui poursuit au-dessous de lui le cours de son active existence : C'est la blanche mouette qui se balance mollement dans l'espace; c'est le bécasseau qui trotte rapidement sur le sable; c'est une bande de canards qui descend le cours de l'eau ; c'est la grue silencieuse qui, l'œil au guet, se promène sur la grève; c'est le corbeau criard, et toute cette multitude ailée qui vit par l'infinie bonté de la généreuse nature. Au-dessus d'eux plane un autre oiseau qui attire soudain toute mon attention. A la large courbure de ses ailes, à son immobilité dans l'air, j'ai reconnu un balbuzard qui vient de fixer son choix sur quelque pauvre victime des ondes. Le pygargue l'a aperçu plus tôt que moi : il se balance sur sa branche, les ailes entr'ouvertes, attendant le résultat. Rapide comme la flèche, l'objet de son attention se précipite et disparaît sous l'eau, qui rejaillit. A ce moment, le pygargue allonge le cou et manifeste son impatience. Le balbuzard reparaît en se débattant avec sa proie, et monte dans les airs en poussant un cri de triomphe; c'est le signal du départ du pygargue ; il s'élance et donne la chasse au pêcheur, qui cherche à fuir, mais sur lequel il gagne bien vite. Chacun fait force d'ailes : Ce sont des évolutions aériennes d'une sublime élégance. Le pygargue, dont rien n'embarrasse le vol, avance rapidement, il va toucher son adversaire, quand ce dernier jette un cri perçant, cri de désespoir, sans doute, et n'a d'autre parti à prendre que de se débarrasser de son fardeau. Le pygargue change alors subitement de direction, saisit le poisson dans ses serres, avant qu'il ait eu le temps d'arriver à l'eau, et regagne tranquillement sa demeure. »

Chez les tyrans de l'air, comme partout, c'est la loi du plus fort qui règne en maîtresse souveraine; et il est vraiment curieux de voir des bandits dévaliser par d'autres brigands.

Si nous voulons avoir une peinture saisissante des habitudes et des mœurs de ce rapace paresseux, qui dédaigne quelquefois de chasser lui-même et compte, pour assouvir sa faim, sur le bien d'autrui, mais à qui sa force et son obstination procurent toujours le nécessaire, laissons parler Audubon, l'illustre naturaliste américain.

« Pour vous donner une idée du naturel de cet oiseau, dit-il, permettez-moi de vous transporter sur le Mississipi. Laissez votre barque flotter doucement au courant des ondes, tandis qu'aux approches de l'hiver s'avancent, sur leurs ailes sifflantes, des bataillons d'oiseaux d'eau qui désertent les contrées du Nord, et cherchent une meilleure saison, sous des latitudes plus tempérées. Regardez : là, tout au bord du large fleuve, l'aigle, dans une attitude droite, est perché sur la dernière cime du plus haut des arbres; son œil, étincelant d'un feu sombre, domine sur la vaste étendue; il écoute, et son oreille subtile est ouverte à chaque bruit lointain, et de temps à autre il jette un regard au-dessous, sur la terre, de peur que même le pas léger du faon ne lui échappe. Sa femelle est perchée sur le rivage opposé, et si tout demeure tranquille et silencieux, elle l'avertit par un cri de patienter encore. A ce signal, le mâle ouvre en partie ses ailes immenses, incline légèrement son corps en bas, et lui répond par un autre cri qui ressemble à l'éclat de rire d'un maniaque; puis il reprend son attitude droite, et de nouveau tout est redevenu silence. Canards de toute espèce, sarcelles, macreuses et autres, passent devant lui en troupes rapides et descendent le fleuve; mais l'aigle ne daigne pas y prendre garde, cela n'est pas digne de son attention.

» Tout à coup, comme le son rauque du clairon, la voix d'un cygne a retenti, distante encore, mais se rapprochant. Un cri perçant traverse le fleuve, c'est celui de la femelle, non moins attentive, non moins alerte que son mâle. Celui-ci se secoue violemment tout le corps, et de quelques coups de son bec, aidé par l'action des muscles de la peau, arrange en un instant son plumage.

» Maintenant le blanc voyageur est en vue; son long cou de neige est tendu en avant, ses yeux sont sur le qui-vive, vigilants comme ceux de son ennemi; ses larges ailes semblent supporter difficilement le poids de son corps, bien qu'elles battent l'air incessamment ; il paraît si fatigué dans ses mouvements que même ses jambes sont étendues au-dessous de sa queue pour la seconder dans son vol. Il approche néanmoins, il approche ; et l'aigle l'a marqué pour sa proie. Au moment où le cygne va dépasser le sombre couple, le mâle, complètement préparé pour la chasse, s'élance en poussant un cri formidable ; le cygne l'entend, et il résonne plus sinistre à son oreille que la détonation du fusil meurtrier.

» C'est le moment d'apprécier toute la puissance dont l'aigle dispose : il glisse au travers des airs, semblable à l'étoile qui tombe, et, rapide comme l'éclair, il fond sur sa tremblante victime qui, dans l'agonie du désespoir, essaye par diverses évolutions d'échapper à l'étreinte de ses serres cruelles.

« Elle monte, fait des feintes et voudrait bien plonger dans le courant ; mais l'aigle l'en empêche ; il sait depuis trop longtemps que par ce stratagème elle pourrait lui échapper, et il la force à rester sur les ailes en cherchant à la frapper au ventre. Bientôt tout espoir de salut abandonne le cygne ; déjà il se sent beaucoup plus affaibli, et sa vigueur défaille à la vue du courage et de l'énergie de son ennemi. Il tente un suprême effort, il va pour fuir... Mais l'aigle acharné, de ses serres le frappe en dessous au bord de l'aile, et le pressant avec une puissance irrésistible, le précipite obliquement sur le plus prochain rivage.

» Et c'est à présent que vous pouvez juger de la férocité de cet ennemi si redoutable aux habitants de l'air, alors que triomphant sur sa proie, il peut enfin respirer à l'aise. De ses pieds puissants il foule son cadavre, il plonge son bec acéré au plus profond du cœur et des entrailles du cygne expirant; il rugit avec délices en savourant les dernières convulsions de sa victime, affaissée maintenant sous ses incessants efforts pour lui faire sentir toutes les horreurs possibles de l'agonie. La femelle, cependant, est restée attentive à chaque mouvement du mâle, et si elle ne l'a pas secondé dans la défaite du cygne, ce n'était pas faute de bon vouloir, mais uniquement parce qu'elle était bien assurée que la force et le courage de son seigneur et maître suffiraient amplement à un tel exploit. Maintenant la voilà qui vole à la curée où il l'appelle; et dès qu'elle est arrivée, ils fouillent ensemble la poitrine du malheureux cygne et se gorgent de son sang. »

## III

### LE JEAN-LE-BLANC

« Les habitants des villages le connaissent, à leur grand dommage, dit le vieux Belon, et le nomment *Jean-le-blanc*, car il mange les volailles plus hardiment que le milan ; il assaut les poules des villages et prend les oiseaux et lapins ; car aussi est-il hardi ; il fait grande destruction des perdrix et mange les petits oiseaux, car il vole à la dérobée le long des haies et de l'orée des forêts, somme qu'il n'y a païsan qui ne le connaisse. Quiconque le regarde voler advise en lui la semblance d'un héron en l'air; car il bat des ailes et ne s'élève pas en amont, comme plusieurs autres oiseaux de proie, mais vole le plus souvent bas contre terre, et principalement soir et matin. »

Le *Jean-le-blanc* est connu sous le nom d'*oiseau-saint-martin* ; c'est le *lamier cendré* de Brisson, le *faucon bleu* d'Edwards, la *harpaye-épervier* des fauconniers.

Quoique le Jean-le-blanc paraisse tenir quelque chose des aigles, du pygargue et du balbuzard, il n'en est pas moins, dit Buffon, d'une espèce particulière et très différente des unes et des autres ; il tient aussi de la buse par la disposition des couleurs et du plumage. Vu de face, il ressemble à l'aigle ; vu de côté et dans d'autres attitudes, il ressemble à la buse. Il est singulier que cette ambiguïté de figure réponde à l'ambiguïté de son naturel qui tient, en effet, de celui de l'aigle et de celui de la buse. On doit donc, à certains égards, regarder le Jean-le-blanc comme formant la nuance intermédiaire entre ces deux genres d'oiseaux.

Cet oiseau a de soixante-quinze à quatre-vingts centimètres de longueur et de un mètre quatre-vingts à un mètre quatre-vingt-dix centimètres d'envergure. La tête, le dessus du cou, le dos, le croupion sont d'un brun-cendré : toutes lès plumes qui recouvrent ces parties sont blanches à leur origine, mais brunes dans tout le reste de la longueur. La gorge, la poitrine, le ventre et les côtés sont blancs, variés de taches longues et de couleur d'un brun-roux. Le Jean-le-blanc porte sur le devant du bec et à sa base des poils noirs, courts, inclinés en arrière, qui s'avancent jusqu'au-delà de la longueur de la moitié du bec sur sa partie convexe; la membrane qui recouvre la base du bec est d'un bleu terne; l'iris des yeux est d'un beau jaune-citron; les pieds sont couleur de chair, livide dans la jeunesse et deviennent jaunes quand l'oiseau est plus âgé.

Ce rapace voit très clair pendant le jour; il ne paraît pas craindre la forte lumière; il tourne volontiers ses yeux du côté du plus grand jour, et même vis-à-vis le soleil.

Lorsque le Jean-le-blanc que Buffon a élevé chez lui, voulait boire, il commençait par regarder fixement et longtemps pour s'assurer s'il était seul. Alors il s'approchait du vase où on lui avait mis de l'eau; il regardait encore autour de lui, et, après bien des hésitations, plongeait son bec jusqu'aux yeux, et à plusieurs reprises dans l'eau.

Il y a vraisemblance que les autres oiseaux de proie se cachent de même pour boire; cela vient, sans doute, de ce qu'ils ne peuvent prendre le liquide qu'en enfonçant la tête jusqu'au-delà de l'ouverture du bec et jusqu'aux yeux; ce qu'ils ne font jamais tant qu'ils ont quelque sujet de crainte.

Le Jean-le-blanc de Buffon ne montrait de défiance que dans cette seule occasion; car, d'ailleurs, il paraissait toujours indifférent et même assez stupide. Il n'était point méchant, se laissait toucher sans s'irriter et avait même une petite expression de contentement, *cô-cô*, quand on lui donnait à manger. Mais il n'a jamais paru s'attacher à personne de préférence.

Le Jean-le-blanc construit son nid tantôt sur des sapins ou des chênes de hauteur moyenne, tantôt dans des anfractuosités de roches. L'aire est formée de branches sèches ; des ramilles vertes en tapissent l'excavation et lui forment une espèce de toit. La femelle pond un ou deux œufs, mais plus souvent un seul ; l'incubation dont le mâle et la femelle se partagent les soins, dure environ vingt-huit jours. Les parents ont la plus grande sollicitude pour leur progéniture et la transportent dans un autre nid quand ils redoutent quelques dangers.

Cet oiseau, très commun en France, est redouté des paysans; il cause de grands dommages dans les basses-cours en enlevant une grande quantité de volailles.

A le voir voler, on le prendrait, comme dit Belon, pour un héron : Il bat des ailes et ne s'élève pas aussi haut que la plupart des oiseaux de proie. Soir et matin, il vole contre terre, dans les basses-cours, le long des haies, à la lisière des bois, au bord des forêts, en quête de volailles, de perdrix, de jeunes lapins, de petits oiseaux, de serpents, de lézards et d'insectes.

Lorsque ce rapace est blessé, il reste étendu sur le ventre sans chercher à se défendre.

Bien que sa nourriture soit variée, ce sont les reptiles qui forment le fond de tous ses repas.

« Nous avons trouvé dans l'estomac d'un de ces oiseaux, est-il dit dans la *Revue de Zoologie*, une couleuvre à collier intacte; elle paraissait avoir été tuée par un coup de bec à la nuque. »

« Mon jeune Jean-le-blanc apprivoisé, écrivait à Lenz un de ses amis, fond comme la foudre sur les serpents, quelque gros et méchants qu'ils soient; d'une de ses serres, il les prend derrière la tête; de l'autre, il les saisit au dos; dans ces occasions, il pousse de grands cris et bat des ailes; de son bec, il coupe les tendons et les ligaments qui s'attachent à la tête, et le serpent se trouve sans défense. Quelques instants après, il se met à le manger; il dévore d'abord la tête, et, à chaque bouchée, il donne un coup de bec dans la colonne vertébrale du reptile. En une matinée, il mangea trois gros serpents, dont l'un avait près de un mètre trente centimètres de longueur. Jamais il ne dépèce un serpent pour l'avaler morceau par morceau. Plus tard, il régurgite les écailles. Les serpents sont les proies qu'il préfère à toute autre. Je lui ai donné à la fois des serpents, des rats, des oiseaux, des grenouilles, toujours il a sauté d'abord sur les serpents. »

Un observateur a vu un Jean-le-blanc dont le corps était absolument entouré et serré par un serpent; mais l'oiseau tenait si solidement la tête du reptile, que celui-ci s'épuisait en vains efforts. Son adresse et son épais plumage sont les seules armes qui le protègent contre la dent des reptiles venimeux, car il n'est nullement, comme on l'a cru, réfractaire à leurs morsures.

# IV

## LE VAUTOUR DES AGNEAUX (LAMMERGEYER) OU GYPAËTE BARBU

L'opinion qui s'est montrée trop partiale pour l'aigle en lui prêtant de nombreuses qualités qu'il n'a point, a toujours été, au contraire, injustement prévenue contre le vautour dont elle a fait le type de la malpropreté immonde, de la voracité lâchement cruelle.

Nous devrions considérer les vautours comme de véritables agents de la salubrité publique, comme des bienfaiteurs de l'humanité. Qu'ils s'appellent *auras*, *urubus*, ou simplement *vautours*, ils accomplissent consciencieusement la tâche qui leur a été imposée par la nature, en suppléant à l'indifférence, à la paresse, à l'incurie ou à l'impuissance des populations qui vivent dans les chaudes régions du globe.

L'odorat de ces oiseaux est beaucoup moins sensible qu'on ne l'avait supposé, mais leur vue est si perçante et si étendue qu'ils découvrent un cadavre à des distances dont nous ne pouvons nous faire l'idée.

Qu'un chameau tombe épuisé sur les confins du désert, que des cadavres ou des intestins d'animaux restent abandonnés sur le sol, les vautours accourent de tous les points de l'horizon et bientôt cette chair, dont la corruption rapide constitue un des plus grands dangers des pays chauds, aura disparu dans les vastes estomacs de ces précieux nettoyeurs.

Voyez ce cadavre humain qu'un Hindou, trop pauvre pour payer les frais d'un bûcher, a jeté dans les eaux sacrées du Gange. A mesure que les chairs se décomposent, le corps se gonfle et vient flotter à la surface du fleuve. Ces chairs putréfiées recèlent la peste et la mort; elles empoisonnent une des plus belles contrées du monde; les rives du fleuve sacré deviendront inhabitable si personne ne se charge de les faire disparaître : Mais un vautour arrive les ailes étendues;

il cherche à se maintenir en équilibre et commence à se repaître ; il se sert de ses ailes comme d'une voile pour faire échouer le corps sur un banc de sable ; des compagnons accourent et réclament leur part du funèbre festin, et bientôt il ne reste plus trace du cadavre, les laborieux fossoyeurs ont accompli leur mission.

« Le matin, non à l'aurore, mais quand déjà le soleil est sur l'horizon, dit Michelet, à l'heure précise où s'entrouvrent les feuilles du cocotier, sur les branches de cet arbre, perchés par quarante ou cinquante, les urubus (petits vautours) ouvrent leurs beaux yeux de rubis. Le labeur du jour les réclame. Dans la paresseuse Afrique, cent villages noirs les appellent ; dans la somnolente Amérique, au sud de Panama ou de Caraccas, ils doivent, épurations rapides, balayer, nettoyer la ville, avant que l'Espagnol se lève, avant que le puissant soleil ait mis en fermentation les cadavres et les pourritures. S'ils y manquaient un seul jour, le pays deviendrait désert.

» Quand c'est le soir pour l'Amérique, quand l'urubus, sa journée faite, se replace sur son cocotier, les minarets de l'Asie blanchissent aux rayons de l'aurore. De leurs balcons, non moins exacts que leurs frères américains, vautours, corneilles, cigognes, ibis, partent pour leurs travaux divers : Les uns vont aux champs détruire les insectes et les serpents, les autres s'abattent dans les rues d'Alexandrie ou du Caire, font à la hâte leurs travaux d'expurgation municipale. S'ils prenaient la moindre vacance, la peste serait bientôt le seul habitant du pays.

» Ainsi, sur les deux hémisphères, s'accomplit le grand travail de la salubrité publique avec une régularité merveilleuse et solennelle. Si le soleil est exact à venir féconder la vie, ces épurateurs jurés et patentés de la nature ne sont pas moins exacts à soustraire à ses regards le spectacle choquant de la mort. Ils semblent ne pas ignorer l'importance de leurs fonctions. Approchez, ils ne fuient point. Quand leurs confrères les corbeaux, qui souvent marchent devant eux et leur désignent leur proie les ont avertis, vous voyez (on ne sait d'où, comme du ciel) fondre la nuée des vautours. Solitaires de leur nature, et sans communication, silencieux pour la plupart, ils se mettent une centaine au banquet; rien ne les dérange. Nul débat entre eux, nulle attention au passant. Imperturbables, ils accomplissent leurs fonctions dans une âpre gravité : le tout décemment, proprement; le cadavre disparaît, la peau reste. En un moment, une effrayante masse de fermentation putride dont on n'osait plus approcher a disparu, est rentrée au courant pur et salubre de la vie universelle.

» Chose étrange! plus ils nous servent, plus nous les trouvons odieux. Nous ne voulons pas les prendre pour ce qu'ils sont, dans leur vrai rôle, pour de bienfaisants creusets de flamme vivante où la nature fait passer tout ce qui corromprait la vie supérieure. Elle leur a fait, dans ce but, un appareil admirable qui reçoit, détruit, transforme, sans se rebuter, se lasser, ni même se satisfaire. Ils mangent un hippopotame, et ils restent affamés. Ils dévorent un éléphant, et ils restent affamés. »

Donc, nous n'aurions pas fait figurer les vautours parmi les tyrans de l'air, si deux membres de cette famille, le gypaëte barbu et le condor n'étaient de redoutables oiseaux.

Comme les autres vautours, ils épurent et transforment les matières immondes, ils se gorgent de charognes abandonnées, de rebutants débris ; mais ils s'attaquent aussi aux animaux vivants parmi lesquels ils font de nombreuses victimes.

Peut-être a-t-on exagéré leurs méfaits, peut-être leur a-t-on attribué des crimes qui devraient être imputés à l'aigle ; cependant, il reste acquis que le vautour des agneaux et le condor sont de dangereux et redoutables pillards.

Le *gypaëte*, dont le nom signifie *vautour-aigle*, est un bel oiseau dont la taille dépasse celle des plus grands aigles. Il est connu, dans les Alpes, sous le nom de *lammergeier* (vautour des agneaux); il doit son appellation de *vautour-barbu* ou *aigle-barbu*, à une grosse touffe de plumes, ou plutôt de poils noirs, longs et roides, placée sous la mandibule inférieure et qui forme une sorte de barbe.

Le gypaëte a de $1^{m}$ 30 à $1^{m}$ 40 de longueur et près de $3^{m}$ 20 d'envergure. On le rencontre, en Europe, dans les Pyrénées et dans les Alpes, en Asie, dans toutes les hautes montagnes; et, en Afrique, depuis le Nord-Ouest, jusqu'au Sud-

Est. Il est redouté des bergers dont il trompe souvent la surveillance.

Le matin, longtemps après le lever du soleil, les gypaëtes se mettent en chasse. Le mâle et la femelle, volant à une petite distance l'un de l'autre, suivent les cols des montagnes, contournent les pics pour en explorer les versants et traversent les vallées sans abaisser leur vol. Ils ne sont pas craintifs, et passent quelquefois à une très petite distance des hommes qu'ils aperçoivent.

L'allure de ces oiseaux est élégante; ils glissent rapidement dans l'air sans battre des ailes, et leur vol ressemble à celui des grands faucons.

Dans leurs excursions, ils regardent attentivement de tous côtés; s'ils découvrent une proie qui mérite leur attention, ils descendent rapidement à terre, puis courent sur le sol comme le font les corbeaux.

Leur bec et leurs serres n'ont pas la puissance de ceux de l'aigle ; ils n'enlèvent leur capture que si le danger ne leur permet pas de la dévorer sur place ; et si, comme les autres vautours, ils aiment à se repaître de chair putréfiée, ils paraissent avoir une préférence marquée pour les proies vivantes.

En Grèce, ils détruisent, pour eux et leurs petits, une grande quantité de tortues dont ils sont très avides. Afin de pouvoir s'en nourrir, ils les emportent dans les airs et les laissent tomber sur les rochers où elles se brisent. Ils en agissent de même pour les os, afin d'en retirer la moelle ; aussi les Espagnols appellent-ils le gypaëte le *quebranta-huesos* (le briseur d'os).

« Les os bien remplis de moelle, dit un observateur, sont des friandises avidement recherchées par le gypaëte ; les autres vautours ont dévoré un animal ; à la fin du repas, il se montre, il enlève les os, les brise et en avale les morceaux. Il brise les os en les laissant tomber sur une pierre, d'une très grande hauteur. C'est un de ces oiseaux, sans doute, qui tua Eschyle en laissant tomber une tortue sur son crâne. »

Ouvrons une parenthèse pour faire connaître à nos jeunes lecteurs l'évènement auquel le naturaliste fait allusion ; bien entendu, nous ne pouvons en garantir l'authenticité :

Eschyle, né l'an 525 avant Jésus-Christ,

se distingua comme guerrier dans les batailles de Marathon, de Salamine et de Platée, se livra ensuite à la littérature, et devint le véritable créateur de la tragédie grecque.

Dans sa jeunesse, un célèbre devin lui avait prédit que la chute d'une maison serait la cause de sa mort. L'inquiétude du poète, toujours menacé, était grande; il ne pouvait, sans appréhension, séjourner dans les habitations dont la solidité ne lui était pas démontrée, et il ne s'engageait qu'avec crainte dans les rues étroites des cités.

Afin d'éloigner le plus possible l'instant fatal, le poète évitait de séjourner dans les maisons et surtout d'y dormir; la campagne se prêtait merveilleusement à ses rêveries; et là, du moins, il n'avait pas à redouter l'évènement dont il était menacé.

Une fois, qu'étendu sur l'herbe, il se livrait dans la plus douce quiétude aux douceurs du sommeil, un aigle ( peut-être un gypaëte) qui enlevait dans ses serres une pesante tortue, crut reconnaître, dans la tête chauve d'Eschyle, la pointe de quelque rocher. Il s'éleva au plus haut des airs et laissa tomber sur le chef dénudé du dormeur la carapace de la tortue. Le choc fut terrible; le crâne dénudé du poète fut brisé, et ce fut ainsi que s'accomplit, l'an 456 avant Jésus-Christ, la prédiction du devin...

Eschyle n'avait pu échapper à sa destinée fatale; la chute de la maison d'une tortue causa sa mort.....

Mais revenons au gypaëte qui ne peut,

tous les jours, assommer un poète, mais qui ne se fait pas faute d'attaquer les agneaux et les chèvres, les mouflons et les chamois, et qui, si nous en croyons certains récits, se précipite sur des hommes endormis et enlève des enfants.

Lorsque le rapace veut s'emparer d'une chèvre, d'un chamois, d'un mouflon ou de quelque gros animal passant dans le voisinage d'un précipice, il décrit autour de la victime dont il convoite la dépouille des cercles qui se ressèrent de plus en plus, et qui la forcent à se retirer vers le point de la montagne où elle ne trouve d'autre issue que le goufre béant. Alors, fondant sur elle avec la rapidité d'une flèche, il la frappe des ailes, du bec et des serres et réussit souvent à la lancer dans le vide. On en a vu tenter la même manœuvre sur des chasseurs de chamois, qui n'ont pas sans peine échappé au péril.

« Toute la stature du gypaëte, dit Gloger, ses pattes courtes et faibles, ses ailes longues et étroites, sa queue longue et conique, son plumage dur et lisse, tout fait de lui un oiseau on ne peut mieux armé pour l'attaque. Il est évidemment destiné à pousser les mammifères de grande et de moyenne taille, au bord d'un précipice sans les saisir avec ses serres trop faibles. Le faucon fond de haut sur un pigeon ou sur un oiseau perché sur un toit, sur une branche, le saisit avec ses serres et l'égorge ; le gypaëte, lui, tue ses victimes en les poussant et en les précipitant dans l'abîme. Ne rencontre-t-il aucune proie, se trouve-t-il dans un endroit où il y a peu de ravins et de précipices, il est naturellement obligé de se contenter de charogne ; il se comporte comme les loups et les renards que l'on ne peut cependant pas mettre à côté de l'hyène, comme des mangeurs de charogne ; il fait ce que font les faucons en captivité, qui dévorent les oiseaux morts. Il souffre longtemps de la faim plutôt que de s'adresser aux petits animaux, contre lesquels il ne peut employer les moyens d'attaque ordinaires. Il mord, comme les vautours, il n'égorge pas, comme les faucons. De là proviennent toutes les particularités de ses mœurs.

Je ne doute pas qu'il ne boive le sang, comme le font tous les autres rapaces, et qu'après avoir précipité une victime dans l'abîme, il ne l'achève en lui coupant les carotides à coups de bec. Cet organe, chez lui, me paraît tout à fait conformé pour cela. »

Le gypaëte place son aire sur une saillie de rocher, protégée contre les intempéries par une autre masse surplombante. L'aire a plus de 1m 50 de diamètre ; elle est composée d'une charpente formée de longues branches sur laquelle repose une couche de ramilles, dans laquelle est creusée une excavation centrale tapissée de fibres d'écorces, de poils de vache ou de chèvre, de laine de mouton, de crins de cheval. Un ou deux petits y trouvent place. L'édifice a environ un mètre de hauteur; et, tout autour, le rocher est garni d'ossements d'animaux et d'excréments d'un blanc de neige.

Tschudi raconte une singulière histoire

qui prouve que le gypaëte est quelquefois victime de sa témérité :

Dans le canton d'Unterwalden, aux environs d'Alpanach, et tout à côté d'un endroit sauvage connu sous le nom de Trou-du-Dragon, un gypaëte s'était emparé d'un renard et l'emportait tout vivant. Maître renard, peu disposé à servir de pâture au rapace, se débattait comme un beau diable. Il se remua si bien qu'il finit par saisir son ravisseur au cou, et tous les efforts du vautour, pour se dégager, n'aboutissaient qu'à resserrer davantage les dents de l'étau qui l'enserrait. Bientôt le rapace, à bout de forces, fut obligé de descendre plus vite qu'il n'était monté ; la chute lui fut fatale : il se tua roide en tombant, tandis que le renard, protégé par le corps de l'oiseau, ne se fit aucun mal. Dégagé de l'étreinte du gypaëte, le quadrupède s'empressa à son tour de desserrer les mâchoires ; il s'enfuit à toutes jambes ; et il est probable qu'il emporta de son excursion aérienne un souvenir qui lui revint en mémoire chaque fois qu'il apercevait un grand oiseau de proie.

On a relevé, sur les registres d'une paroisse de l'Oberland bernois, la relation d'une curieuse aventure :

Une petite fille, qui s'était éloignée du village, fut enlevée par un gypaëte et transportée sur les rochers du voisinage. L'alarme immédiatement donnée, les parents au désespoir, aidés de quelques vigoureux montagnards, se mirent à la poursuite du ravisseur. Le vautour, gêné par le poids du fardeau qu'il transportait, ne voulait cependant pas lâcher sa proie. Il volait de cime en cime, de sommet en sommet, déposant et reprenant la pauvre enfant dont les cris affreux brisaient le cœur de ses parents. Enfin, serré de près par les chasseurs, le rapace abandonna sa victime, plus morte que vive, à la pointe d'un roc où elle fut bientôt recueillie.

La petite fille, sauvée miraculeusement, n'avait que de légères blessures qui furent promptement guéries. Elle reçut, en souvenir de l'évènement, le nòm de Geïer-Anne.

C'est encore un drame de ce genre qui se passa dans le canton de Vaud, et dont parle M. Moquin-Tandon.

Deux petites filles, l'une âgée de cinq ans, et l'autre de trois ans, jouaient ensemble, lorsqu'un gypaëte se précipita sur la plus âgée, qu'il emporta malgré ses cris, ceux de sa petite compagne et l'arrivée de quelques paysans qui étaient accourus. On ne tarda pas à perdre les traces de l'oiseau de proie qui avait disparu dans la montagne. D'actives recherches eurent lieu sur les rochers des environs. A force de fouiller les anfractuosités, on découvrit une aire de gypaëte qui contenait deux petits, et tout près de là un bas et un soulier d'enfant, au milieu d'un tas d'ossements de moutons et de chèvres. La petite victime avait été dévorée par les vautours.

« Depuis plusieurs années, écrivait, en 1840, M. Crespon, auteur de l'Ornithologie du Gard, je possède un gypaëte vivant, qui n'est pas redoutable pour les autres oiseaux de proie qui se trouvent dans la même volière que lui. Mais il n'en est pas de même pour les enfants, sur lesquels il s'élance en étendant ses ailes et en leur présentant la poitrine comme pour les en frapper. Dernièrement, j'avais lâché cet oiseau dans mon jardin. Épiant le moment où personne ne le voyait, il se précipita sur une de mes nièces, âgée de deux ans et demi. L'ayant saisie par le haut des épaules, il la renversa. Heureusement que ses cris nous avertirent du danger qu'elle courait; je me hâtai de lui porter secours. L'enfant n'eut que la peur et une déchirure à sa robe. »

On pourrait citer beaucoup d'autres exemples qui prouvent que les gypaëtes sont dangereux, non-seulement pour les enfants, mais qu'ils ne craignent pas de s'attaquer à l'homme, quand il s'agit de défendre leurs petits.

Un paysan s'était emparé de deux jeunes gypaëtes, qu'il avait liés par les pattes pour les emporter plus facilement sur son épaule. Aux cris poussés par les jeunes oiseaux, les parents arrivèrent à tire-d'ailes et attaquèrent avec fureur l'imprudent, qui ne se doutait pas du danger qu'il courait. Ce ne fut qu'en se servant habilement d'une hache, qu'il parvint à tenir à distance les oiseaux irrités, qui l'escortèrent jusqu'à quatre lieues de distance. Il arriva dans son village, épuisé de fatigue; et, en déposant son fardeau dans sa maison, il se promit bien de ne pas s'exposer une autre fois à la colère des vautours.

Le gypaëte a la vie très dure, et il faut

pour le tuer un coup de feu bien dirigé. On en a vu un, le corps traversé par une balle, qui survécut plus de trente-six heures à sa blessure, bien que le foie eût été déchiré.

# V

## LE CONDOR

Il n'existe pas d'oiseaux sur lesquels on ait écrit des histoires plus fabuleuses, des contes plus fantastiques. D'anciens naturalistes se sont laissés aller jusqu'à faire de ce vautour un *griffon*, cet être imaginaire, créé par l'imagination des Orientaux, et qu'on représentait avec le corps d'un lion, le bec crochu d'un oiseau de proie, les oreilles droites, les pattes garnies de griffes redoutables, deux ailes et une longue queue.

Buffon, Valmont de Bomare, Salerne, ont confondu le *condor* avec le *lammer-geïer*, et en avaient fait une description empreinte de la plus grande exagération.

Le condor, disaient-ils, possède à un degré plus haut que l'aigle toutes les qualités, toutes les puissances que la nature a départies aux espèces les plus parfaites de cette classe d'êtres ; c'est le plus énorme des oiseaux de proie; sa force prodigieuse répond à sa taille; son envergure, c'est-à-dire ses ailes étendues, ont quatorze et quinze pieds d'une extrémité à l'autre. On en a tué un, au Pérou, qui avait seize pieds d'envergure. La longueur de l'une des grosses plumes était de deux pieds quatre pouces. Le bec est pointu, crochu, blanc à l'extrémité, noir dans le reste, si robuste et si fort qu'il peut éventrer un bœuf. Sa tête est ornée d'une crête; son plumage est tacheté de blanc et de brun-foncé presque noir; ses yeux sont noirs et entourés d'un cercle brun-rouge; les ongles, les écailles des jambes et des doigts sont de couleur noire.

Lorsque cet oiseau s'abat, il fait un si grand bruit qu'il inspire l'effroi. Il habite les lieux déserts et escarpés, se tient sur les montagnes les plus élevées, et n'en descend que dans la saison des pluies. Ce tyran de l'air, qu'on n'a encore pu parvenir à détruire dans les hautes montagnes de la Suisse, fait une guerre cruelle tant aux troupeaux de chèvres et de brebis qu'aux chamois, aux lièvres et aux marmottes. Il attaque seul un homme et très aisément un enfant de dix et douze ans ; il arrête un troupeau de moutons, choisit à son aise celui qu'il veut enlever, emporte les jeunes chevreuils, tue les biches et les vaches, prend de gros poissons.

Il se nourrit, ainsi que l'aigle, de proies vivantes et non de cadavres comme les vautours. Lorsqu'il voit sur un roc escarpé quelque animal trop fort pour l'enlever, il prend son vol de manière à le renverser dans quelque précipice, pour jouir plus commodément de sa proie. Quant aux petits animaux, il les enlève en volant et sans s'abattre, au moyen de ses griffes ou serres qui sont très acérées, d'une grandeur et d'une force surprenante. Arrivé près de son nid avec son fardeau, il le laisse tomber à terre pour que sa proie se tue ; il la reprend ensuite et la porte à ses petits.

Un peu plus tard, on écrivait : Les auteurs et les voyageurs en grand nombre, ont parlé du condor, très peu l'ont vu ; de là la confusion et la diversité dans les descriptions qu'on en a données. Au milieu de ces opinions si diverses, voici la description qu'en a faite le père Feuillée, d'après un de ces oiseaux qu'il est parvenu à tuer lui-même :

« Les ailes du condor, que je mesurai fort exactement, avaient, d'une extrémité à l'autre, onze pieds quatre pouces, et les plus grandes plumes, qui étaient d'un beau noir luisant, avaient deux pieds deux pouces de longueur ; la grosseur de son bec était proportionnée à celle de son corps :

sa longueur était de trois pouces sept lignes, sa partie supérieure était pointue, crochue et blanche à son extrémité, et tout le reste était noir ; un petit duvet court, couleur de minime, couvrait toute la tête de cet oiseau ; ses yeux étaient noirs et entourés d'un cercle brun-rouge ; tout son parement et le dessous du ventre, jusqu'à l'extrémité de la queue, étaient d'un brun-clair ; son manteau, de la même couleur, était un peu plus obscur ; les cuisses étaient couvertes, jusqu'au genou, de plumes brunes... »

« Le condor passe pour être capable d'enlever un mouton, pour attaquer les biches, et ne pas même épargner les hommes ; mais il y a bien de l'apparence qu'on s'est plu à exagérer les faits à son égard. »

Humboldt, Darwin, d'Orbigny, Tschudi

ont décrit le condor d'une façon complète et exacte ; ils ont fait justice de toutes les exagérations et de toutes les fables dont cet oiseau avait été l'objet. On sait aujourd'hui qu'il appartient exclusivement au Nouveau-Monde, et qu'il diffère essentiellement du gypaëte.

« Dans ce pays extraordinaire, dit Tschudi, où l'on trouvait l'or et l'argent à foison, les animaux devaient aussi, pensait-on, présenter des formes toutes particulières ; on dévorait avidement les récits des voyageurs, qui n'avaient observé que superficiellement, et on laissait libre carrière à son imagination, pour ajouter encore à leurs récits. »

Le *condor* ou *sarcoramphe* mâle a, lorsqu'il est adulte, le plumage noir, avec des reflets d'un bleu d'acier ; les rémiges primaires sont d'un noir mat; les rémiges secondaires d'un noir grisâtre et frangées extérieurement de blanc; les grandes couvertures sont blanches sur les barbes externes; l'occiput, la face et la gorge sont d'un gris noirâtre; le cou affecte une teinte de chair livide, et la région du jabot est d'un rouge pâle. L'étroit lobule cutané qui pend à la gorge, et les deux plis du cou sont d'un rouge vif. Le bas du cou est orné d'une sorte de collerette de plumes blanches assez longues; l'œil est d'un rouge-carmin vif; le bec couleur de corne, et les pattes d'un brun foncé.

Le mâle seul porte la crête developpée et les plis du cou; la femelle en est dépourvue.

La taille moyenne de ces oiseaux est

de un mètre dix centimètres à un mètre trente centimètres depuis la pointe du bec, jusqu'au bout de la queue. L'envergure varie entre deux mètres cinquante centimètres et trois mètres.

Les hautes montagnes de l'Amérique du Sud, sur lesquelles paissent les lamas et les vigognes, sont la patrie du condor. On le trouve également sur la côte de l'Océan Pacifique et sur celle de l'Océan Atlantique; au détroit de Magellan et en Patagonie, il niche sur les falaises escarpées dont le pied est baigné par les flots.

C'est de tous les oiseaux, celui dont le vol est le plus élevé : Humboldt l'a vu planer au-dessus des cimes du Chimboraço, bien au-delà des nuages, à une hauteur qu'il évalue à plus de 9,000 mètres. D'Orbigny l'a aperçu au niveau du sommet de l'Illimanni, à 7,500 mètres d'altitude, tandis que l'homme est incapable de résister à la raréfaction de l'air à plus de 6,000 mètres !

Le condor s'isole pour faire la chasse ; mais, comme les autres vautours, il se réunit à ceux de son espèce pour prendre sa part d'une nourriture commune.

Après avoir passé la nuit dans une crevasse de rocher, la tête enfoncée dans les épaules, ce géant des monts géants, comme l'appelle Michelet, s'éveille à l'aube du jour.

Naturellement indolent et paresseux, il attend le lever du soleil pour sortir de son gîte qu'il n'abandonne qu'à regret, surtout si, la veille, la chasse a été abondante. Le voilà qui secoue la tête, qui s'incline au bord du rocher, agite ses vastes ailes, les déploie complètement après un moment d'hésitation, et s'élance enfin dans l'espace. On a peine à se figurer l'étendue du domaine qu'il parcourt chaque matin, tantôt perdu au milieu des nuages, tantôt rasant le sol et s'élevant encore d'un élan majestueux.

Mais, que du haut des airs, il aperçoive une proie, il se précipite ou plutôt se laisse tomber sur elle.

« En moins d'un quart d'heure, dit Tschudi, des nuées de condors s'abattent sur le cadavre abandonné d'un animal, quand, un instant auparavant, l'œil le plus perçant n'en pouvait découvrir un seul. »

Lorsque la chasse a été heureuse, les condors reviennent, vers midi, se reposer sur leurs rochers; et, vers le soir, se remettent de nouveau en quête de nourriture.

Ces oiseaux explorent les côtes, afin d'y trouver les animaux de tout genre que la mer rejette ; ils visitent les environs des habitations pour recueillir les restes d'animaux abandonnés.

Ils suivent les troupeaux sauvages et domestiques pour s'abattre sur les animaux qui périssent ; et ces troupeaux sont si nombreux, dans la montagne, qu'ils manquent rarement de nourriture. Les cadavres viennent-ils à manquer, ils fondent sur les agneaux nouveaux-nés, ou sur des animaux malades ou blessés dont ils agrandissent les plaies à coups de bec, et qu'ils finissent par tuer en leur ouvrant la poitrine.

D'Orbigny, dit M. des Murs, dans un

voyage sur la côte du Pérou, d'Arica à Tacna, a été témoin d'une de ces scènes sanglantes.

« C'est un trajet de onze lieues, sans eau, au milieu d'un désert de sable brûlant que la pluie ne rafraîchit jamais, et dont la poussière salée fait encore sentir plus vivement la sécheresse. Des convois de mules et d'ânes pesamment chargés parcourent incessamment le pays, et les ânes, qui, là plus qu'ailleurs, sont les souffre-douleurs des habitants, font le voyage, aller et retour, sans qu'on les ménage le moins du monde ; aussi en meurt-il souvent sur la route, où leurs cadavres sont promptement dépecés. Quand un âne, fatigué, ne peut suivre le convoi, on l'abandonne après avoir divisé sa charge sur les autres plus valides, et il regagne, s'il peut, l'habitation de son maître. Un de ces pauvres animaux ainsi abandonnés, n'en pouvant plus, se coucha sur la route, prêt à rendre le dernier soupir ; des urubus s'en approchèrent de suite et lui donnèrent quelques coups de bec peu redoutables ; mais bientôt un condor fondit sur cette proie, que lui cédèrent à l'instatn les urubus, restés à quelques pas en arrière et attendant sans doute avec impatience la fin du repas du condor, dont ils n'osaient s'approcher. Ce premier condor ne tarda pas à être suivi d'abord de deux, et bientôt après de sept à huit autres, qui, s'acharnant à l'envi sur leur victime encore vivante, lui déchirèrent de leur bec tranchant, celui-ci les yeux, celui-là le ventre, et le malheureux âne ne mourut qu'après avoir horriblement souffert. D'Orbigny s'approcha alors de l'âne ; les condors se retirèrent à une courte distance et planèrent au-dessus des petites collines des environs ; mais dès qu'il s'éloigna, ils revinrent à la charge et ne laissèrent que les os de leur victime. Une fois repus, ils s'envolèrent, non sans beaucoup de peine, ne pouvant prendre leur essor qu'après avoir longtemps couru en battant des ailes. »

Suivant Humboldt, les condors se réunissent à deux, lorsqu'ils sont pressés par la faim, pour chasser le cerf des Andes, le puma, la vigogne et même le guanaco et les veaux ; ils fatiguent ces animaux, les frappent des griffes, du bec et des ailes, jusqu'à ce que, tombant exténués, ils sont dans l'impossibilité de se relever et deviennent alors facilement la proie des rapaces.

D'Orbigny conteste le fait et les croit complètement inoffensifs pour les vigognes et les guanacos adultes.

Ils suivent les chasseurs, et lorsque ceux-ci dépouillent une vigogne ou un cerf des Andes, ils sont entourés de condors qui dévorent avec avidité les intestins, sans plus se préoccuper de la présence des hommes.

Ils accompagnent le puma dans ses excursions, afin de profiter des reliefs de ses repas. « Quand les condors s'abattent, dit Darwin, et qu'ensuite tous ensemble s'envolent subitement, le Chilien sait qu'il y a là un puma, qui veille sur sa proie et en chasse ces voleurs.

Lorsque ces oiseaux sont rassasiés, ils sont lourds et paresseux. Si la proie est énorme et qu'ils se soient gorgés de nourriture, ils peuvent à peine voler; et lorsque surpris dans cet état, ils se voient poursuivis, ils cherchent à se rendre plus légers en dégorgeant une partie de ce qu'ils ont mangé.

Dans leur état ordinaire, ils sont très sauvages, fuient à l'approche de l'homme et ne se laissent pas facilement surprendre. D'orbigny prétend qu'il n'a jamais pu approcher un condor d'assez près pour le tirer avec succès. Cependant, dans certaines contrées des Andes, moins fréquentées peut-être, ils paraissent n'avoir aucune crainte de la présence de leur plus mortel ennemi.

« Dans ces régions élevées, dit M. de Castelnau, apparaît le condor, ce vautour des Andes, qui évite avec un soin égal les plateaux tempérés et les pics dont la tête s'élance trop avant dans la zone des neiges éternelles. L'Indien de la Cordilière est, avec cet oiseau, l'habitant le plus constant de ces lieux peu accessibles... »

« Des oiseaux énormes nous accompagnaient : C'étaient ces condors si célèbres par leur taille colossale. En les voyant, il semble que la nature, qui venait de créer la Cordilière, ne put se résoudre à rentrer de suite dans des proportions ordinaires, et que cet animal se ressentit de l'exubérance de matière qu'elle avait à sa disposition. Ces oiseaux rapaces s'élevaient d'un vol pesant, planaient au-dessus de nos têtes, en éclipsant le soleil et en projetant sur nous des ombres énormes; puis ils allaient à peu de distance se percher sur une crête pour nous attendre et regarder passer notre caravane ; alors, tenant leur tête dénudée presque entièrement cachée dans leur manteau de plumes, ils nous suivaient d'un regard perçant, pour reprendre bientôt un nouvel essor, recommençant vingt fois la même manœuvre, dans l'espoir sans doute que, vaincu par la fatigue et la rigueur du climat, l'un d'entre nous, ou au moins l'une de nos montures, succombant en ces lieux, deviendrait une proie facile, sur laquelle pourrait s'abattre leur bande affamée.

« On a vu des voyageurs, affaiblis par la fatigue et la souffrance, tomber à terre et être aussitôt attaqués, harcelés et déchirés par ces oiseaux féroces, qui, tout en arrachant des lambeaux de chair à leurs victimes, leur fracassent les membres à coups d'ailes. Les malheureux résistent bien quelques instants ; mais bientôt leurs débris ensanglantés restent seuls pour dire aux voyageurs qui passeront la mort horrible de ceux qui les ont précédés dans ces passages dangereux. »

Les Indiens détruisent beaucoup de condors : Quelquefois ils disposent une assez grande quantité de chair dans un enclos et lorsque les oiseaux sont repus, ils s'élancent sur eux à toute bride et les prennent avec leurs lazzos.

Souvent ils remplissent d'herbes narcotiques le ventre de quelque animal mort : Après s'être gorgés de cette victuaille, les condors titubent, vacillent comme s'ils étaient enivrés, et deviennent d'une capture facile.

Voici un procédé de chasse rapporté par

Molina et qui, tout invraisemblable qu'il paraisse, est confirmé par Tschudi.

Un Indien, muni de lacets, se cache sous une peau de bœuf étendue sur le sol et à laquelle tiennent encore des débris de viande.

« Quand un condor s'est posé, l'Indien rélève la peau autour de sa patte qu'il coiffe comme d'un doigt de gant, et l'attache ; et, quand quelques-uns sont ainsi attachés, il s'éloigne en rampant. D'autres Indiens accourent alors, jettent des manteaux sur les oiseaux, et les emmènent dans les villages, où ils doivent figurer dans les courses de taureaux. Huit jours avant la fête, les condors ne reçoivent rien à manger. Le jour fixé, on attache un condor sur le dos de chaque taureau, qu'on a blessé auparavant de quelques coups de lance. L'oiseau affamé agrandit la plaie, et irrite le taureau, au grand contentement des Indiens.

« Sur le haut plateau de la province de Huarochirin, il est un endroit où on tue facilement un grand nombre de condors. C'est une sorte d'entonnoir naturel, de soixante pieds environ de profondeur, et qui a autant de diamètre à son ouverture. On met sur le bord le cadavre d'un mulet ou d'un lama. Bientôt les condors arrivent ; en se disputant, en tirant chacun de leur côté, ils finissent par faire rouler le cadavre au fond du trou, et l'y suivent pour le dévorer ; mais, une fois rassasiés, ils ne peuvent plus sortir de cet entonnoir, tant ils sont alourdis. A ce moment apparaissent les Indiens, qui, armés de longs bâtons, assomment ces oiseaux. »

Nous avons vu que le gypaëte a la vie très dure : Que penser de ce que Humboldt nous raconte du condor ?...

« A Riobamba, dit-il, nous trouvant dans la maison de notre ami don Xavier Matusar, corrégidor de la province, nous assistâmes aux expériences que les Indiens firent sur un condor pour le tuer. On commença par l'étrangler avec un lacs ; on le pendit à un arbre ; on le tira avec force par les pieds pendant plusieurs minutes. A peine le lacs fut-il ôté, que le condor se promenait comme si on ne lui eût fait aucun mal. On lui tira, avec le pistolet, trois balles à moins de quatre pas de distance ; toutes lui entrèrent dans le corps. Il était blessé au cou, dans la poitrine, au ventre ; il resta toujours sur pied. Une cinquième balle frappa contre le fémur et retomba par terre. Le condor ne mourut qu'une demi-heure après des blessures nombreuses qu'il avait reçues. »



**FIN**

Limoges. — Imp. Marc Barbou et C^ie.

www.ingramcontent.com/pod-product-compliance
Ingram Content Group UK Ltd.
Pitfield, Milton Keynes, MK11 3LW, UK
UKHW021104200726
13857UKWH00003B/1090

9 782012 876705